了不起的中國人

給孩子的中華文明百科

— 從發現隕石到航天科技 —

狐狸家　著

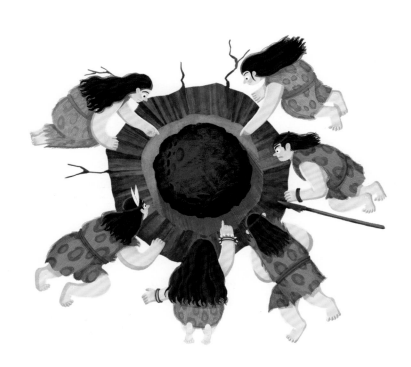

新雅文化事業有限公司
www.sunya.com.hk

目錄

了不起的意外發現：銅礦

　　遠古時代，祖先們還在使用石頭磨製的工具。他們每天外出，尋找合適的石料。在揀取石料的時候，他們常常發現一些外形奇特的石頭，砸開以後，裏面是紫紅色和黃色的——這些石頭就是含銅的銅礦石。祖先們把這些石頭帶回去，捶打磨製成各種工具和裝飾品。

草屋
原始居民住的房子。

石矛
新石器時代，人們使用石頭磨製的工具。石矛是人們狩獵用的武器。

銅礦石
新石器時代晚期，人們發現了銅礦石。

採運回來的銅礦石越來越多，漸漸堆成了小山。但依靠捶打和磨製無法得到金屬銅，必須對銅礦石進行冶煉。祖先們很早就掌握了煉銅這門手藝，他們在小石洞裏點燃木柴，將銅礦石放進火裏燒，耐心等待礦石變軟熔化，再將得到的金屬銅製成各種需要的用具。

冶煉銅礦石
祖先們把銅礦石放在火裏燒軟、熔化，得到金屬銅。

黃銅管和黃銅片
出土於陝西，距今約六千七百年。

銅鏡
早在新石器時代，祖先就會製造銅鏡了。

青銅刀
這把出土於甘肅的新石器時代的青銅小刀，被稱為「中華第一刀」。

了不起的天外來客：隕鐵

鐵是比銅更堅硬的金屬。在銅器廣泛使用後，又過了很久很久，我們的祖先才開始更多地使用鐵器。這是為什麼呢？原來，自然環境中的鐵礦石黑乎乎的，不像銅礦石那樣有明亮的顏色，不容易被發現，而且加工起來也更麻煩。但祖先們偶爾也能得到一些天然的鐵。這要感謝從天而降的「好朋友」——隕石。

用石器切割獵物

發現隕鐵
大塊隕石落下時，會砸出深深的大坑，很容易被發現。

用石器耕地

隕石碎塊
一些落到地上的隕石碎塊裏含有大量的鐵。

隕石是從太空落到地球上的像石頭一樣的東西。一些隕石的含鐵量非常高，叫作隕鐵。在沒有掌握煉鐵技術前，人們只能利用隕鐵製造鐵器。隨着冶煉技術逐漸提高，人們學會了採集鐵礦石來煉鐵。鐵製品變得越來越常見了。

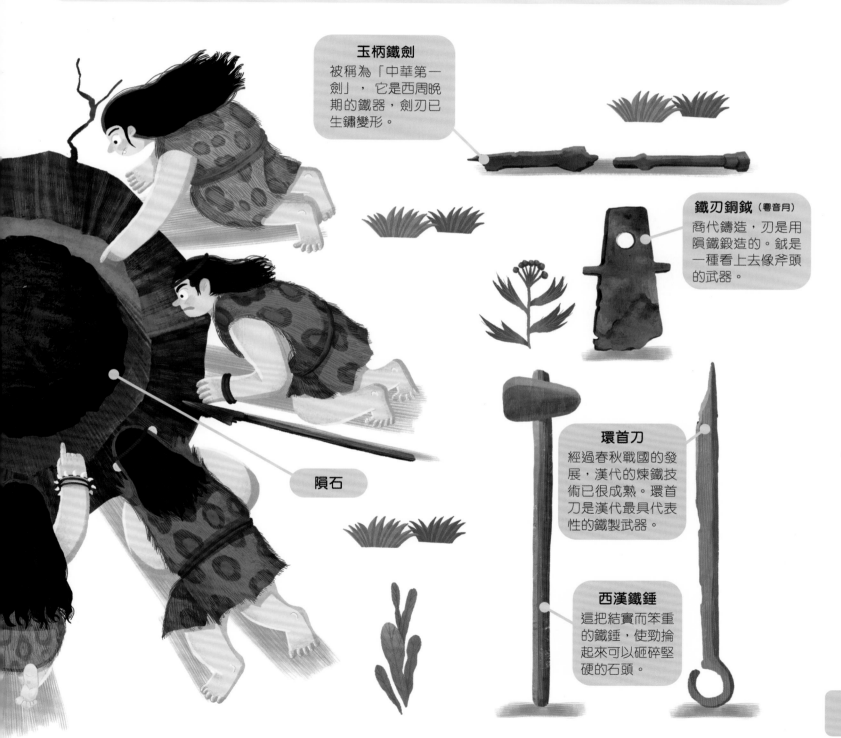

玉柄鐵劍
被稱為「中華第一劍」，它是西周晚期的鐵器，劍刃已生鏽變形。

鐵刃銅鉞（粵音月）
商代鑄造，刃是用隕鐵鍛造的。鉞是一種看上去像斧頭的武器。

隕石

環首刀
經過春秋戰國的發展，漢代的煉鐵技術已很成熟。環首刀是漢代最具代表性的鐵製武器。

西漢鐵錘
這把結實而笨重的鐵錘，使勁掄起來可以砸碎堅硬的石頭。

了不起的山河寶藏：金礦和金沙

自古以來，黃金因為產量稀少，一直是非常貴重的金屬。大約在四千年前，我們的祖先開始開採和使用黃金。許多金礦藏在深山中，尋找和採挖都不是容易的事情。千百年來，人們帶着夢想與熱情到深山中採金，付出了許多勞動，但黃金依然非常稀有。

燒爆法

採金時，先點火燒熱礦石，再潑上冷水降溫。反復幾次後，礦石碎裂，就方便開採了。

降溫

把冷水潑在燒熱的礦石上。

你聽說過淘金嗎？打撈河裏或湖裏的泥沙，淘洗出裏面的天然金沙，這就是淘金。淘金曾是冒險家眼中的致富手段，淘金者們不斷地尋找藏有金沙的河流。「美人首飾侯王印，盡是沙中浪底來。」淘金是一個絢麗的財富夢想，更是一件非常辛苦的事情。

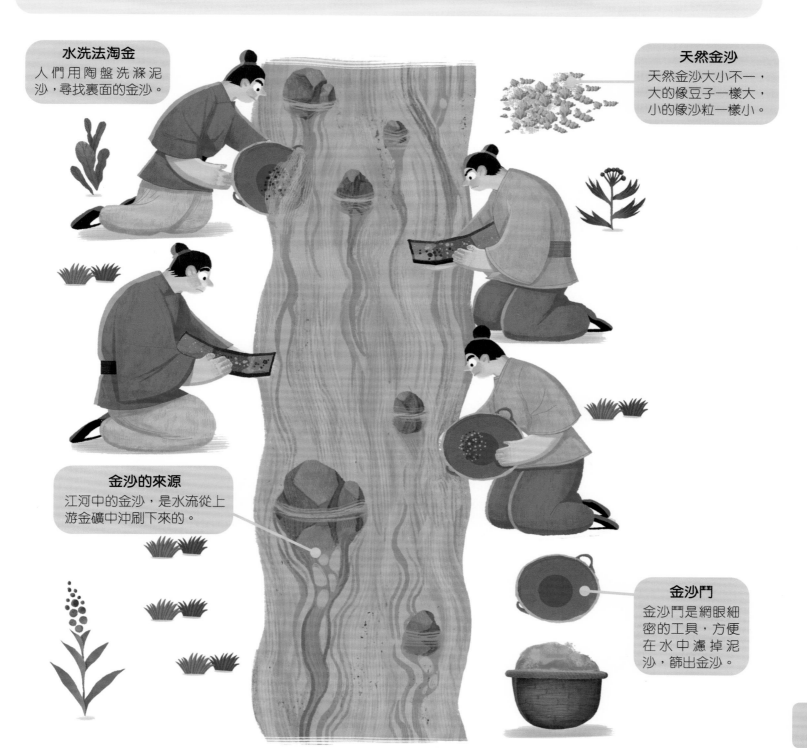

水洗法淘金
人們用陶盤洗滌泥沙，尋找裏面的金沙。

天然金沙
天然金沙大小不一，大的像豆子一樣大，小的像沙粒一樣小。

金沙的來源
江河中的金沙，是水流從上游金礦中沖刷下來的。

金沙鬥
金沙鬥是網眼細密的工具，方便在水中濾掉泥沙，篩出金沙。

與金有關的中國智慧

鐵杵磨成針

傳說詩仙李白小時候不喜歡讀書，一天，他在路上遇見一位老婦人正在磨鐵棒，說一定要把它磨成針。李白很受震撼，回去後默默用功學習，後來取得了很大的成就。後人就用「只要有煩心，鐵杵磨成針」來比喻只要有毅力、肯下功夫，做任何事情都能成功。

金玉其外，敗絮其中

相傳古代有個商人很會儲藏柑橘，柑橘放一年也不會腐爛。外皮像金玉一樣鮮亮的柑橘很受歡迎，人們爭相高價購買。有人買回這樣的柑橘，剝開後發現裏面的橘肉早已乾枯得像破棉絮。後人就用「金玉其外，敗絮其中」來形容外表光鮮美麗，實際缺少修養與內涵的人。

一寸光陰一寸金

中國有句俗語：「一寸光陰一寸金，寸金難買寸光陰」。意思是說，一寸光陰和一寸長的黃金一樣珍貴，而一寸長的黃金卻難以買到一寸光陰。這句話常被用來提醒人們要珍惜時光，不要虛度年華。

二人同心，其利斷金

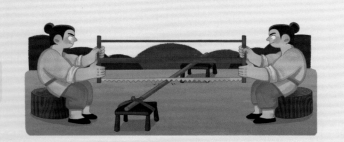

中國人很重視團結。人們認為只要大家一條心，就能發揮很大的力量，那股力量甚至能把金屬切斷。「二人同心，其利斷金」常用來比喻只要團結一致，就能無堅不摧。

趁熱打鐵

鐵非常堅硬，想要鍛造鐵器，要先把鐵坯放到溫度很高的火爐上燒，趁燒紅的時候捶打。人們常用「趁熱打鐵」來比喻做事要抓緊有利的時機和條件。

真金不怕火煉

中國古代的金屬冶煉技術十分發達。冶煉離不開火的幫助，許多金屬會在火焰的高溫下氧化變色，但黃金卻不會。人們常用「真金不怕火煉」來比喻正確的事物經得住任何考驗。

秤砣雖小壓千斤

在古代，金屬製成的秤砣是人們買賣貨品時不可缺少的計量工具。秤砣看起來小小的，但稱重時卻能壓住重它很多倍的貨物。人們常用「秤砣雖小壓千斤」這句俗語來比喻外表雖不引人注目，但實際卻起很大作用。

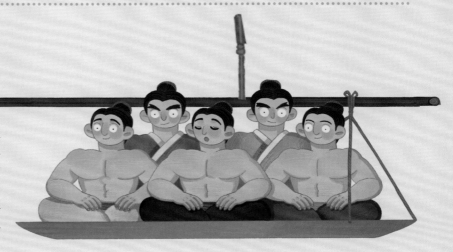

一言九鼎

鼎是中國古代烹煮食物的器具，也是祭祀用的禮器。相傳夏禹鑄造了九個鼎，代表天下九州，它們在夏商周時期被奉為傳國之寶，象徵着國家王權。中國人喜歡用「一言九鼎」來形容一個人說話分量很重，作用很大。

11

了不起的青銅禮器

銅器在人們的生活中使用得越來越多，逐漸取代了石器，我們的祖先在大約五千年前進入了青銅時代。青銅是銅和其他金屬一起熔鑄的合金。中國歷史上不同時期、不同地方的青銅器各具特色。青銅器原本都是黃燦燦的，有金子一樣的光澤，但在千年的歲月變遷中，它們全都變成了青綠色。

饕餮紋袋足斝 （粵音賈）
貴族祭祀用的禮器，也可以用來溫酒。

金面銅人頭像
四川三星堆出土的青銅器仍有許多未解之謎，這個銅人頭像戴着金面罩，給人以神聖之感。

後母戊鼎
鼎身鑄有雲雷紋，四周飾有盤龍和饕餮紋樣，是商王為祭祀母親戊而制的。它是迄今世界上出土最大、最重的青銅器。

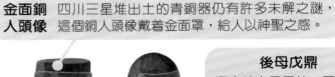

方內銅鉞
上面裝飾有張口怒目的人面鏤孔。

青銅立人像
這座三星堆青銅人像身姿挺拔，是現存最高的青銅立人像，被譽為「銅像之王」。

人面龍紋盉
（盉，粵音禾）
盉是古人祭祀時用來盛酒或水的禮器。從上方看這個盉，像不像一個仰面的人頭？

漫長的歲月裏，珍貴的青銅器象徵着身分和權力。統治者和貴族不但會用青銅做的食器酒具接待客人，在祭祀時也喜歡將青銅器作為禮器。許多青銅器被鑄造成各種生動的造型，或是鑄有饕餮紋、龍紋等各種花紋。不同的造型和花紋代表着祭祖、驅邪等不同的意義。

饕餮
（粵音滔鐵）

傳說中貪嘴的猛獸，身子像羊，後被人們用來形容貪婪或貪吃的人。

大禾人面紋方鼎
鼎內鑄有「大禾」二字，鼎四面飾有半浮雕人面紋。

四羊青銅方尊
這件商代方尊的四角鑄有四隻伸長脖子的卷角羊。尊是祭祀時用來裝酒的禮器。

了不起的青銅樂器：曾侯乙編鐘

　　從夏商周到春秋戰國，青銅器的鑄造技術不斷發展。鑄造于戰國、出土于湖北的曾侯乙編鐘，是代表中國青銅鑄造工藝頂峯的藝術精品。編鐘是一種古老的樂器，由多個大小不同的鐘組合而成。曾侯乙是戰國時代一個叫曾國的小諸侯國的國君，曾侯乙編鐘就是在他的墓裏被發現的。

鐘架
高大的鐘架由 6 根佩劍武士形銅柱和 8 根圓柱支撐，分為上中下 3 層，共掛有大大小小 65 個鐘。

甬鐘
長柄有掛環的甬鐘斜掛在鐘架中下層。

鎛鐘（鎛，粵音博）
是這套編鐘中最大的一個鐘，為楚惠王所贈。

曾侯乙編鐘有一座巨大的鐘架，上面掛滿了大小不同的扁圓鐘，就像無數個沉重的風鈴。它們按音調的高低進行排列，鐘身上鑄有各種圖案。曾侯乙編鐘是中國出土數量最多、音律最全的一套編鐘，是名副其實的國寶。在 2008 年北京奧運會、2010 年上海世博會等重大場合，它的複製品一次次奏響了曼妙之音。

鈕鐘
沒有長柄，只有掛環的鈕鐘掛在鐘架上層，共 19 個。

撞鐘棒
用來撞擊下層的大鐘。

了不起的金屬食器

悠久的中華美食文化，除了數不清的美味食物，也離不開那些盛裝它們的精美食器。除了陶器、瓷器、漆器和木器，金屬食器同樣在中國食器家族中佔有重要地位。最早的金屬食器大多是青銅的，看看下面這些青銅食器，有沒有既熟悉又陌生的感覺？它們的名字，你都記住了嗎？

簋（粵音鬼）
口圓圓的，有兩隻耳，可用來盛放飯食。

觚（粵音姑）
古時用來飲酒的器具，口部和底部都是喇叭狀的。

爵
古時候的「酒杯」。

觶（粵音智）
古代的一種「酒壺」。

敦
古代盛放飯食的器具。

豆
用來盛放肉醬和肉羹，很像現代的高腳盤。

獸面紋甗（粵音演）
古時用來蒸食物的器具。

鑊
沒有足的鼎，很像現代的盆，可盛放食物。

鬲（粵音力）
有3足，足中部是空的，便於加熱食物。

釜（粵音苦）
古代的「鍋」，有圓圓的底，常安放於爐灶上蒸煮食物。

青銅食器曾在貴族的餐桌上長期佔據主角的位置。在重要的宴會場合，它們不僅用來裝食物，還用來區分出席賓客的身分地位。不同等級的人使用的食器種類與數量都有嚴格規定。青銅爵內盛着香醇的美酒，高腳的豆裏裝着鮮美的肉羹。精彩的歌舞伴着美味的食物，不少歷史精彩瞬間在宴會中上演！

鴻門宴

西元前 206 年，抗秦義軍領袖項羽在秦都城咸陽郊外舉行了一場宴會，要求同為義軍領袖的劉邦赴宴。宴會上殺機四伏，劉邦險些喪命。但項羽最終放走了劉邦。後來，劉邦壯大實力，在楚漢戰爭中打敗項羽，奪取了天下。

劉邦
和項羽共同起兵反抗秦朝，在鴻門宴上險些被項羽殺死。

樊噲（粵音凡快）
劉邦的手下，在鴻門宴上保護劉邦。

張良
劉邦的謀臣，在鴻門宴前後為劉邦出謀劃策。

項羽
西楚霸王，實力強大，想要在鴻門宴上殺掉劉邦。

範增
項羽的軍師，一再提醒項羽應殺掉劉邦。

項莊
項羽的堂弟，在鴻門宴上想借着舞劍殺掉劉邦。

17

了不起的青銅錢幣：秦半兩

我們都知道買賣東西需要錢。但最早的時候，我們的祖先是不用錢幣的，他們需要什麼東西，都是直接拿其他的東西去換。後來，人們將貝殼當作錢使用。再後來，大家開始用青銅和黃金鑄造錢幣。戰國時期，各個諸侯國使用的錢幣形狀各不相同。它們有的像貝殼，有的像鏟子，還有的像大刀。

蟻鼻錢
戰國時期楚國流通的銅幣，橢圓形，很像海貝。仔細看，它的表面像不像人面？

圓錢（圜，粵音袁）
戰國時期魏國、韓國等地流通的銅幣，圓形，中間有孔。

刀幣
刀幣形似一把刀，是戰國時期燕國、齊國等地流通的貨幣。

秦半兩
秦半兩上面鑄有「半兩」兩個字。從它以後，「外圓內方」成為中國古代銅錢的統一形制。

布幣
布幣又叫鏟布，看它像不像一把小鏟？布幣的形狀有很多種，有的是尖足，有的是方足。

過去，不同諸侯國的百姓使用不同的貨幣，買賣東西很麻煩。西元前 221 年，秦王嬴政滅掉六國，建立了強大的秦王朝。為了方便王朝的統治，他頒布命令，廢除了六國過去的錢幣，規定全天下的人必須使用統一的貨幣──「半兩」錢。半兩錢是用青銅鑄造的，又叫「秦半兩」。統一使用的秦半兩方便了人們的生活，促進了商業的繁榮。

秦半兩

秦始皇
中國歷史上第一個使用「皇帝」稱號的君主。他建立了秦帝國，統一了國家的文字、貨幣和度量衡。

了不起的青銅兵器

　　遠古時代，自然界裏到處都是毒蛇猛獸，為了自衞和狩獵，祖先們用石頭、竹木和骨頭做成了最早的武器。後來，伴隨人類戰爭的出現，武器變得越來越有殺傷力。夏代末期，青銅兵器登上了戰爭的歷史舞台。在一千八百多年的歲月裏，伴隨青銅冶煉技術越來越成熟，青銅兵器稱霸戰場。

夔龍紋盾牌（夔，粵音攜）
青銅製造的盾牌，內外都繪有夔龍紋。

秦三棱鏃（粵音族）
鏃就是箭頭，這種箭鏃有 3 道光滑的棱，方便射穿盔甲。

杜虎符
外形像一隻老虎，分左右兩半，分別由國君和領軍者持有，用於傳達軍令。

烽火台
古時候點燃煙火以傳遞軍情的高台。

戰車
春秋時，從戰車多少可以看出國家強弱，只有「千乘之國」才有機會參加爭霸天下的戰爭。

20

從夏代到漢初的戰場上，隨處可見用青銅製造的兵器——隨戰馬奔馳的戰車，尖銳的長矛和刀劍，防衛用的鎧甲和盾牌，傳達軍令的「密碼」虎符。當進攻的鼓聲響起，兵刃相接，刀光劍影，殘酷的廝殺就開始了。「君不見，青海頭，古來白骨無人收。」各式各樣的青銅兵器見證了技術的進步，卻也帶走了無數鮮活的生命。

鈹戟（粵音激）
一種把斧和長矛相結合的長柄兵器，可劈可刺。

青銅戈
下面裝有長柄，在戰車上揮舞時威力驚人。

青銅矛
戰國時期常見的長兵器，有尖尖的矛頭，非常鋒利。

環首青銅刀
刀柄的末端纏上麻布，可掛在身上，且使用時不容易脫手。

21

了不起的鐵製兵器

春秋戰國時代，鐵在人們的生活中被使用得越來越多，全新的鐵器時代開始了。鐵匠們拉響風箱，燒旺爐火，掄起鐵錘，捶打燒得通紅的鐵坯，一件件鋒利的鐵制兵器在他們的手下誕生。鐵制兵器在戰國時期開始慢慢普及，在漢初完全取代了青銅兵器。

干將
春秋時期吳國著名的鑄劍師。

火鉗
用來夾取燃燒的煤炭柴火。

鐵砧（粵音針）
打鐵時墊在鐵坯下的墊座。

鐵鉗
鑄造鐵器時，用來夾取滾燙的鐵器。

鐵錘
鑄造鐵器時需要打鐵，鐵匠用鐵錘哐噹哐噹砸向鐵坯。

干將劍
干將、莫邪給楚王鑄造了兩把劍，雄劍叫干將劍。

相傳在春秋末年，有一對聞名天下的夫妻鑄劍師，丈夫叫干將，妻子叫莫邪。他們鑄造的寶劍鋒利無比。楚王聽說後非常高興，就讓他們鑄造一對寶劍。夫妻倆日夜趕工，用了好幾年才鑄成兩把傳世名劍，一把叫「干將劍」，一把叫「莫邪劍」。有人認為，這對寶劍很可能是用鐵鑄造的。

莫邪
干將的妻子，也是有名的鑄劍師。

冷水
將燒紅的鐵放到冷水中降溫，可以增強鐵的硬度。

馬蹄鐵
又叫馬掌，釘在馬蹄上，可以保護馬蹄、減少磨損，還能讓馬在奔跑時更穩。

火爐和風箱
大約在春秋後期，中國人開始在冶煉時使用風箱。

莫邪劍
干將、莫邪為楚王鑄造了兩把劍，雌劍叫莫邪劍。

了不起的傳說兵器

「滾滾長江東逝水，浪花淘盡英雄。」在我們悠久的歷史裏，有無數豪傑與梟雄的故事和傳說。這些性格鮮明、本領驚人的人物，在各種神話和小說中你方唱罷我登場。「哪吒鬥龍王」、「三英戰呂布」、「千里走單騎」，精彩的故事被一代代中國人口耳相傳，英雄氣馳騁在中華大地上。

二郎神

三尖兩刃刀

青龍偃月刀
（偃，粵音演）

關羽

張飛

火尖槍

丈八蛇矛

哪吒

英雄俠士們刀光劍影的故事被人們津津樂道，他們手中兵器的名字，也和主人的傳說一起被中國人所熟知。看看下面這 8 位人物，你知道他們分別出自哪個傳說或小說嗎？他們手裏拿的兵器，你都認識嗎？你最喜歡他們中的哪一個？

越王

湛盧劍

呂布

方天畫戟

程咬金

開山斧

李逵

雙板斧

了不起的金屬農具

　　中國是一個農業大國，我們的祖先很早便在中華大地上耕作。為了減輕勞動的辛苦，得到更多的收穫，聰明的祖先們發明了很多農具。早期的農具主要是用木頭和石頭做的，有時也會用上骨頭、鹿角等材料。到了商周時代，人們雖然已經能冶煉青銅，但青銅主要被用在兵器和禮器上，在農具上使用範圍有限，結構也不複雜。

鋤
戰國時期的鋤頭，在木頭上套上了鐵刃。

青銅銍（粵音疾）
銍是一種割禾穗的短鐮刀，刀片中間有兩個圓孔，像一雙圓溜溜的大眼睛。

艾
鐮的一種，可以割草、割莊稼。

青銅齒鐮
綁在木柄上使用，背面光滑，正面有齒紋。

漢代鐵鐮
西漢以後，青銅鐮刀就很少被使用了。

伴隨鐵器時代的來臨，鐵製農具慢慢取代了木頭和石頭做的農具，堅硬的鐵能更輕鬆地掘開土地、割斷禾苗，使耕種變得更輕鬆。祖先們在使用鐵製農具的過程中不斷創新、改進，各種先進的鐵製農具不斷出現。西漢時出現的耬車、唐代時出現的曲轅犁，都是祖先們在田間地頭勞動中的偉大發明。

犁轅

曲轅犁
早期的犁，犁轅是直的，不但用起來費勁，轉向也不方便。曲轅犁使用起來比直轅犁更省力、更靈活。

多齒钁（粵音決）
裝在木柄上翻土用，有細長的齒。它翻土面積大、省力，不容易砍傷農作物的根莖。

犁
在播種前，需要翻地鬆土，犁是鬆土用的工具。

鏟
用來除草和鬆土的農具。

耬車（耬，粵音留）
耬車主要用來播種。播種時由牲畜拖行，種子被放在耬斗裏，耬腳劃出一條條小溝，種子掉進溝裏被土覆蓋。耬車播種很快，一天能播種一頃。

了不起的日常金屬工具

　　和今天的我們一樣，古人在日常生活中也離不開各種方便的小工具，它們中有很多都是用金屬製造的。這些工具不但設計巧妙，而且美觀實用。隨着時代的發展，一些古人常用的生活工具，我們現在已經很陌生了，但也有很多從先輩手中一直傳到了我們手裏。

火斗
古代的「熨斗」，像一柄大鐵勺，裏面裝燒紅的炭，用來熨燙衣物。

火筴（粵音甲）
燒火時可以用來夾炭塊或撥火，和現在的火鉗非常相似。

剪刀
這種和今天剪刀樣式一致的剪刀出現於五代十國時期。

銅權
相當於現在的秤砣，用來稱量物品的重量。古代的銅權各種各樣，看看它們分別像什麼？

28

對於某些人而言，一些我們習以為常的小工具，卻是他們養家糊口的依靠。廚師使用菜刀，處理各類食材；樵夫揮舞斧頭，砍伐取暖的木材。一些生活工具因為某些名人的關係甚至帶有了傳奇色彩，比如庖丁的菜刀、姜子牙的魚鈎，它們的故事隨着「庖丁解牛」、「太公釣魚」而千古流傳。

菜刀
接近現代菜刀樣式的菜刀是在明清時期普及開的。

魚鈎
早期的魚鈎是用骨頭和石頭等材料做的，後來才出現了金屬魚鈎。

魚叉

魚叉
叉魚的秘訣是將魚叉叉向水中魚兒的正下方。

魚鈎

了不起的日常金屬用品

人們生活的方方面面都有金屬的身影。除了農田裏的農具和戰場上的武器，金屬在祖先們的家裏同樣無處不在。用金屬製作的碗碟、杯盤、茶具、暖具等生活用品，漂亮又結實，不像陶瓷那樣容易摔碎。這些祖先們使用過的金屬用品，今天有許多靜靜地躺在博物館裏，向每一個參觀的人講述過去的故事。

鎏金龜形銀盒
外形像一隻正在爬行的烏龜，中部是空的，可以用來裝茶葉。

鐵壺
鐵製的茶壺，在當時是很講究的茶具。

銅勺

錫碗
明清時期錫器很盛行，用錫製成的碗看起來和銀器一樣精美。

銅酒杯

鎏金銀杯
鎏金是一種在器物表面塗上黃金的工藝。

在過去，尋常百姓家使用的金屬用品大多造型簡單樸素。老百姓對它們很愛護，很少會換新的，一個銅盆修修補補、傳兩三代人，並不是少見的事情。皇室貴族家可就不一樣了，各種精雕細琢、鎏金鍍銀的生活用品（鎏，粵音留），代表着他們富貴奢華的生活。

銅鏡
銅鏡被我們的祖先使用了幾千年。

手爐
可以放在手中取暖用。北宋時已成為民間百姓普遍使用的取暖器具。

牙籤盒
是不是有點意外？古代就已經出現牙籤盒啦。這個牙籤盒是金屬製的，非常耐用。

洗臉盆
古人大多以銅盆作為洗臉盆，銅盆耐摔且不易被腐蝕，使用時間長久。

火盆
盛裝炭火的盆子，冬日可用來取暖。火盆大多是銅製或鐵製的，有的上面還有漂亮的掐絲圖案。

香勺
古人焚香時會使用長長的香勺舀取香粉。

了不起的**盛唐金銀首飾**

　　耀眼的黃金和白銀不但被人們當作貨幣使用，還被製成了各種精美的首飾。古代仕女們使用的金銀首飾多種多樣，固定頭髮的簪上雕繪着美麗的圖案，兩股簪子合成的釵既可以在頭上插一支，也可以插很多支。一些頂部掛着裝飾的簪釵，上面的流蘇與墜子會隨着佩戴者的走動一搖一晃，被人們叫作「步搖」。

鎏金銀釵
這枚唐代銀釵的釵頭看上去像一隻飛舞的蝴蝶。

李倕墓鳳冠（倕，粵音誰）
唐代貴族女子李倕的鳳冠，上面綴滿了寶石和金飾。

團花金鈿（粵音田）
鈿是用金銀等材料做成的花朵狀飾品。

唐代是一個繁榮鼎盛的朝代，各種鑄造工藝都很發達。盛唐時期的金銀首飾光彩奪目，精緻華麗的鎏金釵環、雍容大氣的金鐲銀簪，都為當時的人們所鍾愛。這些熠熠生輝的首飾，見證了「雲想衣裳花想容」的美麗，紀念着「長安回望繡成堆」的時光。

鬧蛾金釵
飛蛾與珠花用金銀珍珠打造，飛蛾僅用一根金絲與珠花相連，非常可愛。

鎏金銀簪
簪頭有鏤空的花紋，看起來像一片秋天的金色銀杏葉。

唐代柳葉金鐲
鐲子展開後像一片細長的柳葉。

唐代纏枝花紋銀香球
圓球裏面可以裝熏香。表面布滿了鏤空花紋，香氣透過空隙散出。

了不起的中國刺繡：四大名繡

　　在家裏找找，你多半能找到我們生活中離不開的針。遠古時代，我們祖先的針是用骨頭、木頭和竹子做的，後來，銅鐵等金屬製成的針進入了人們家裏。婦女們手拿針線，在衣物上繡制圖案，漸漸地，她們繡出的花紋樣式越來越多，色彩越來越美麗。一項傑出的民間工藝——刺繡誕生了。

唐代花樹孔雀繡圖
花樹下，闊步行走的孔雀引人注目，顏色非常美麗。

唐代百衲袈裟繡圖局部
「百衲」是指把很多布片拼在一起。

四大名繡
四大名繡是指以蘇州為中心的蘇繡、以成都為中心的蜀繡、以長沙為中心的湘繡，還有以廣州和潮州為中心的粵繡。

蘇繡《雙雞圖》

刺繡在中國已有幾千年的歷史，我們今天能看到的最早的刺繡是西周時期的。繡女們用針作「筆」，將色彩鮮豔的絲線、羽毛，甚至人的頭髮作為「顏料」。針線飛舞之間，氣勢壯闊的河山、靈巧逼真的花鳥、面容生動的人物，被她們「畫」在了各種面料上。明清時期，逐漸形成了影響深遠的「中國四大名繡」。

蜀繡《萬年青圖軸》局部

粵繡《百鳥朝鳳》局部

刺繡
有時候，一幅精美的刺繡需要很多人合作很久才能完成。

湘繡《一路榮華》局部

了不起的醫術：針灸

針灸是中國特有的一種治療疾病的方法，這種傳統醫術的治療過程離不開金屬針具。針灸是「針法」和「灸法」的總稱。「針法」是慢慢轉動細細的尖針，將其一點一點刺進人體。扎針的部位不是隨便選的，必須要扎在穴位上。針刺不同的穴位有不同的功效，找准穴位可不是一件容易的事情。

《銅人腧穴針灸圖經》
（腧‧粵音庶）
醫學家王惟一所寫的針灸著作，用來指導行醫者使用銅人練習針灸。

藥碾子
由碾槽和碾盤組成。將藥材放進碾槽內，用碾盤碾碎藥材。

針灸銅人
北宋時鑄造了兩具，中國國家博物館裏收藏着一具明代的仿製品。

戥子（戥‧粵音等）
藥房裏用來稱量貴重藥材的小秤。

火罐
除了針灸，拔罐也是中醫常用的治療方法，火罐是拔罐的工具。

要怎樣訓練才能找准穴位呢？宋代有一位醫學家叫王惟一，他和學生一起製作了「針灸銅人」，在銅人身上標注了 354 個穴位。銅人內部是空的，灌滿了水，表層塗了一層蠟，練習時，根據指定的穴位施針，如果流出水來，就表示找對穴位了。

針灸
針灸是中醫的重要組成部分。通過用針刺激不同的穴位，可以治療不同的病症。

針
針灸用的針是金屬製成的，長短粗細各不相同。醫生根據不同穴位選用不同的針進行治療，以達到更好的效果。

扎針手法
捏住細針，對準穴位輕輕地刺入。

了不起的指南針

指南針是中國古代的「四大發明」之一，它和金屬息息相關。很早以前，祖先們在尋找金屬礦藏的時候，常常會遇到磁鐵礦，從而逐漸了解了磁性。到了戰國時代，有人把磁石做成了辨別方向的工具，叫作「司南」。司南是世界上最早的指南器，是指南針的前身。

磁石
大自然中存在着具有磁性的天然磁石。

司南
將天然磁石製成磁勺，把它放在一個光滑的盤上，利用磁勺勺柄指南的特性，可以辨別方向。

到了宋代，有了長期的經驗積累，聰明的中國人製造出指南魚和指南龜。後來，人們又製造出指南針。可以自由轉動的指南針能夠準確地指出南方或北方，幫助人們快速辨別方向，被廣泛應用於航海領域。指南針的廣泛傳播促進了世界航海事業的發展，加速了「大航海時代」的到來。

指南龜
木塊刻成的小烏龜，腹部嵌有磁石。將木龜安放在立柱上，靜止時首尾分指南北。

指南魚
把帶有磁性的薄鋼片剪成魚形，魚的肚皮凹下去。小魚像船一樣浮在水面上，可以指示南北。

指南車
車上安裝木頭人，車子裏邊有許多齒輪，無論車子如何轉動，木頭人的手總是指向南方。指南車不靠磁鐵指示方向。

指南針
把鋼針放在磁體上摩擦，使其產生磁性，可以指示南北方向。

羅盤
羅盤是指南針和方位盤的結合，它便於攜帶，被廣泛應用於航海等領域。

了不起的金屬貿易：「陸上絲綢之路」

「絲綢之路」是古代連接東西方的重要商路。沿着「絲綢之路」，商人們將中國生產的絲綢、陶瓷、茶葉等特產運往外國，又將金銀器、寶石、香料等國外特產輸入中國。在這條財富之路上，祖先們和外國人互相認識、學習，文明之花沿着「絲綢之路」綻放。盛唐時，都城長安居住着成千上萬的外國人，唐代的許多金銀器都具有明顯的異域風格。

火鐮

一種金屬打造的取火工具，可以和火石敲擊而取火。火鐮是「絲綢之路」上的暢銷品，據說它深受唐代時吐蕃的王室貴族的喜愛。

銀幣

沿着「絲綢之路」，國外的銀幣流入中國。

「絲綢之路」可以分為「陸上絲綢之路」和「海上絲綢之路」。「陸上絲綢之路」由來已久，西漢時漢武帝派張騫出使西域，開拓了這條商路。行走在「陸上絲綢之路」的人們，靠着駱駝和馱馬，從今天的西安、洛陽等地出發，一路風餐露宿，走過荒無人煙的沙漠、終年積雪的雪山、連綿崎嶇的羣峯、茫茫無際的草原，一直走到今天的伊朗、印度乃至非洲和歐洲等地。

鎏金舞馬銀壺
「絲綢之路」帶來了異域的金銀器加工技術。這只唐代銀壺上飾有兩匹獻舞的金色駿馬。

銀碗
這只唐代銀碗呈花瓣形，具有粟特風格。粟特是一個活躍在「絲綢之路」上的古老民族。

鎏金銀壺
這只南北朝的銀壺上雕刻着古希臘神話故事。

葡萄銅鏡
葡萄紋是唐代銅鏡流行的紋樣。

41

了不起的金屬貿易：「海上絲綢之路」

　　自唐代中期北方戰亂頻繁，「陸上絲綢之路」的貿易大受影響，後來的統治者們將對外貿易的目光投向南方。宋代造船技術的成熟與指南針的發明，為大規模海上貿易創造了條件。自西漢開啟的「海上絲綢之路」在宋元時期迎來了繁榮。南宋末年，福建的泉州成為當時世界上最大的海港之一，泉州也被聯合國教科文組織確認為「海上絲綢之路」的起點。

金飾
精美的金飾在宋代很受外國人的歡迎，宋人製作出很多帶有異域風格的金飾，遠銷海外。

宋代錫牌飾
古人掛在腰帶上的飾品，由整塊錫片裁剪而成，還刻上了一些花卉紋飾。

南宋銅鏡
宋代禁止出口銅器，但一些商人為了巨大利益不惜違法走私。

空心金鐲

金項飾

金耳環

在宋代，鐵器、金銀飾品等金屬製品和絲綢、瓷器一樣，是重要的出口商品。商人們乘着巨大的帆船，從泉州、廣州、寧波等中國南方城市出發，沿着「海上絲綢之路」，駛向今天的菲律賓、印度、斯里蘭卡等地。在那時，出海是非常危險的事情，風暴、疾病隨時會致人死地，但人們懷着致富的夢想，義無反顧地駕船駛向遠方。

鐵鍋
在宋代開始普及的鐵鍋是當時最暢銷的出口商品之一。

銀鋌（粵音艇）
白銀是宋代對外貿易時重要的金屬貨幣。

金葉子
重量輕、便於隱藏的金葉子很受重視安全的商人的歡迎。

銅錢 貿易離不開貨幣。宋元時，出海的商船上常載有大量的銅錢。

了不起的京劇：打擊樂器

你看過京劇表演嗎？你有沒有發現，除了舞台中央的各色「角兒」，舞台邊還有演奏樂器的樂隊。京劇的伴奏樂隊分為「文場」和「武場」，「文場」主要是以笛子、二胡等管弦樂器為主奏樂器；「武場」主要是以打擊樂器為主，有大鑼、小鑼、鐃鈸等，這些樂器大多是金屬做的，聲音清脆洪亮，能傳很遠。

單皮鼓
又叫小鼓，用兩根細竹棒敲打鼓面，指揮其他樂器。

大鑼
鑼面比較大，邊緣有小孔繫着繩，演奏時用木槌敲擊。

板
又叫檀板，演奏時一手拿底板，讓它和前板相碰發出聲音。

今日劇目
武松打虎

「武場」伴奏在京劇表演中非常重要，各種樂器有節奏地擊打，舞台上的氣氛變得熱烈緊張。咚咚咚，咚鏘咚鏘，戲台上傳來陣陣鑼鼓聲，震得觀眾的心怦怦跳個不停，期待着好戲開場。你看，武松上場了，老虎也跟着登台了——原來，今天上演的是一出京劇經典武戲《武松打虎》。

鐃鈸（粵音撓拔）
金屬製成的圓片，中間凸起的地方繫有鈸巾。演奏時用力對擊，聲音非常響亮。

小鑼
銅製的樂器，像一個圓圓的餅。演奏時用薄木片敲擊鑼面。

《武松打虎》
武松經過景陽岡時，在酒家喝了 18 碗酒後急着趕路。店家勸他，說岡上有虎傷人。武松不信，結果真在景陽岡遇到一只兇猛的老虎。奮力搏鬥後，武松打死了老虎。

了不起的中式大門：九路門釘和鋪首銜環

無論是深宅大院，還是茅屋草房，住在裏面的人都會給房子裝上一扇門。門就像人的臉面一樣受到人們重視。在過去，富貴人家使用的大門很大，為了防止門板鬆散，人們給門釘上了用銅鐵等材料製成的門釘。明清時代，大門上門釘的數量根據主人的身份有了不同規定。

朱漆大門
在清代，紅色的大門只有皇室貴族和大官能用，平民百姓是不可以用的。

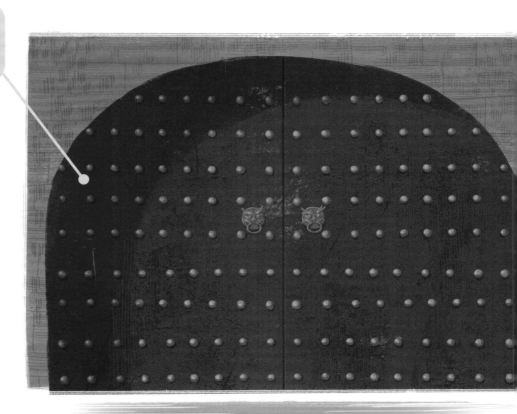

門釘正面

門釘側面

北京故宮是明清兩代皇帝住的地方。走進去你會發現，故宮宮殿的宮門上布滿了金燦燦的銅製門釘，配上朱紅色的大門，非常漂亮。數一數門釘，每一行是 9 個，每一列也是 9 個。這種橫九路、豎九路的門釘便是「九路門釘」。按照清代規定，九路門釘只有皇帝的宮殿可用，像親王家的門釘就只能是豎九橫七。

「摸門釘」

明清時代婦女有「摸門釘」的習俗。由於「釘」和「丁」諧音，希望家裏人丁興旺、想要生男孩的婦女，會在特殊的日子去摸城門上的門釘。這一習俗反映出過去「重男輕女」的思想。

鋪首銜環

為了方便拉門、鎖門，人們在門上安裝了門環。門環底座一般為獸面，由銅或鐵製成，叫作鋪首。遠遠看去，就像兩隻猛獸用嘴銜着圓環，為人們鎮守家宅。

西漢饕餮紋鋪首

唐代大明宮鋪首

五代十國銅鋪首

清代故宮宮門鋪首

47

中華文明與世界・金之篇

煉鋼技術

俗話説「百煉成鋼」，在冷兵器時代，鋼可以製作成比鐵製兵器更加堅韌的武器。歷史上，中國的煉鋼技術曾經很長時間位居世界前列。一位古羅馬的博物學家曾稱讚：「雖然鐵的種類很多，但沒有一種能和中國的鋼相媲美。」

指南針

作為中國古代的「四大發明」之一，指南針在南宋時期經阿拉伯人傳入了歐洲，促進了各國航海事業的發展，為後來歐洲航海家遠航美洲和環球航行提供了條件。

馬鐙（粵音凳）

馬鐙是一對掛在馬鞍兩邊的腳踏。在馬鐙出現以前，騎兵在馬背上揮舞武器很困難。中國人很早便發明了馬鐙。傳到西方後，馬鐙促進了西方騎兵技術的發展。今天，仍有很多西方學者親切地稱馬鐙為「中國靴子」。

鐵鍋

在南宋沉船「南海一號」上，人們發現了大量的鐵鍋。在當時，中國的鐵產量遠超世界其他地區，中國出產的鐵鍋在國外廣受歡迎，是當時名副其實的「高科技產品」。

鐵索橋

你走過鐵索橋嗎？傳統的鐵索橋雖然走上去晃晃悠悠的，卻是很多地方的人們渡河過澗不可缺少的設施。鐵索橋的故鄉在中國，一千六百多年前，祖先們已開始建造鐵索橋。16世紀，鐵索橋建造技術從中國傳入歐洲。

機器工業

19世紀,西方完成了向機器大工業過渡的第一次工業革命,中國在工業技術上落後於西方。為了自強,中國人努力學習西方先進技術,於晚清時期建立了江南製造總局和漢陽鐵廠等一批近代工廠企業。

金屬活字印刷術

生活在北宋時期的畢昇發明了泥活字印刷術。四百多年後,德國人古登堡發明了金屬活字印刷術,促進了歐洲印刷事業的發展。19世紀初,使用金屬活字印刷技術的印刷事業,在中國發展了起來。

蒸汽輪船

用金屬製造的蒸汽機推動了歐洲的第一次工業革命。1807年,美國人羅伯特·富爾頓建造了世界上第一艘以蒸汽機為動力的輪船。1865年,中國的安慶內軍械所學習西方造船技術,自主設計建造了中國第一艘蒸汽輪船「黃鵠號」。

螺絲釘

螺絲釘在西方的歷史悠久,並在大約17世紀時傳入了中國。早期螺絲釘的用途並不廣泛,直到工業革命後,螺絲釘才成為工業生產中必不可少的零件。

鐵路

1876年,中國大地上出現了第一條鐵路。它是由英國人修建的吳淞鐵路。1909年,由詹天佑主持修建的第一條完全由中國人自己設計並施工的鐵路——京張鐵路建成。

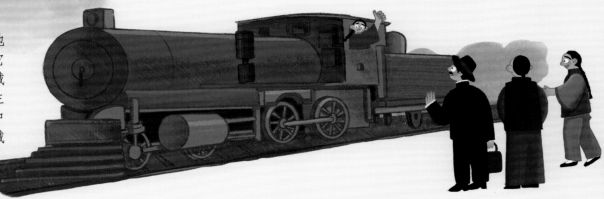

了不起的**現代採礦**

　　儘管我們的祖先曾在金屬開採和冶煉上取得過輝煌的成就，但從清代晚期開始，我們不但在技術上落後於西方，很多金屬礦產還受到侵略者的掠奪。1949 年，新中國成立。站起來的中國人民奮發圖強，不斷努力。今天，中國已連續多年成為世界第一產鋼大國和世界第一有色金屬生產大國。

地表開採
開採露出地表或埋藏不深的金屬礦。

地殼開採
開採埋在地下位置較深的金屬礦。

黑色金屬
指鐵、鉻（粵音各）、錳等和它們的合金。有趣的是，純鐵、純鉻和純錳都不是黑色的。

純鐵

純鉻

純錳

隨着經濟與科技的不斷發展，人們對金屬的需求量越來越大，開採的金屬品種也越來越多。礦業工作者更多地使用各種大型機械設備開採礦藏，取代過去的人力採礦方式。除了陸地上的礦產，海底資源同樣吸引着人們，科學家們不斷開發新技術，向着蔚藍深海中的寶藏出發。

採礦船
深海採礦船裝有先進的採礦設備，專門用來開採海底的礦產。

深海機器人
人體是無法承受深海的壓力的，科學家發明出深海機器人，替人類潛入海裏勘採礦產。

有色金屬
除去黑色金屬以外的所有金屬的總稱，包括金、銀、銅、鋅等。

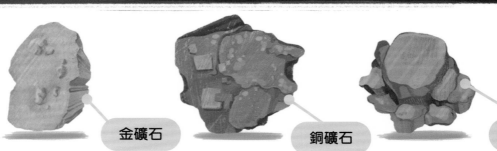

金礦石

銅礦石

銀礦石

了不起的現代城市：鋼鐵巨人

從古代走到今天，中國人不斷鑽研與升級冶煉方式，加工金屬的技術也越來越先進。在現代化大型鋼鐵廠裏，鋼鐵工人熟練操作着機械設備，各種大型機械有序運轉。轟隆隆，喀嚓嚓……鋼鐵被成批製造出來，運往最需要它們的地方。

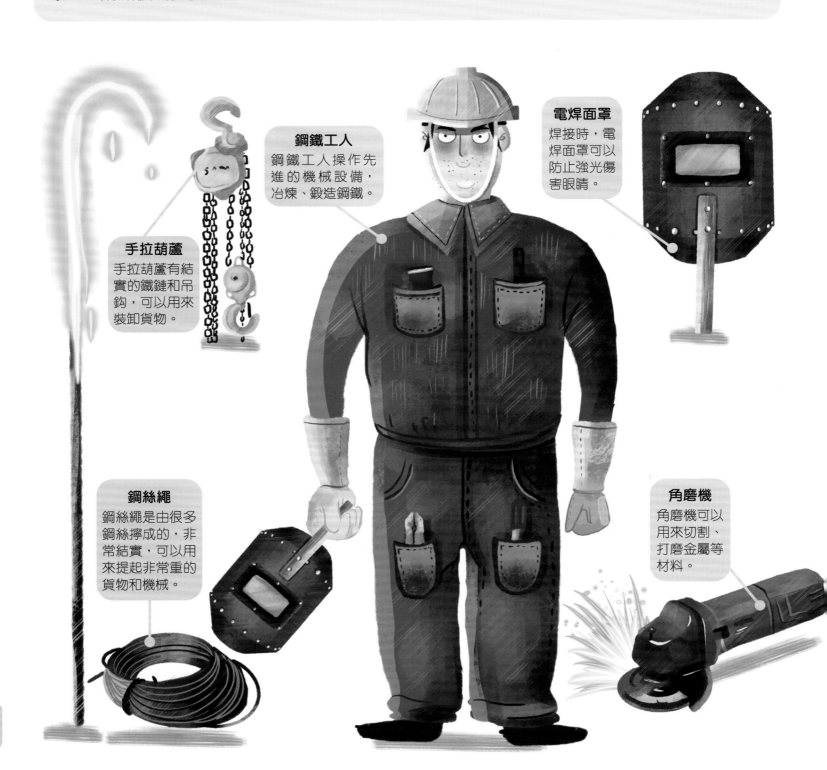

鋼鐵工人
鋼鐵工人操作先進的機械設備，冶煉、鍛造鋼鐵。

電焊面罩
焊接時，電焊面罩可以防止強光傷害眼睛。

手拉葫蘆
手拉葫蘆有結實的鐵鏈和吊鈎，可以用來裝卸貨物。

鋼絲繩
鋼絲繩是由很多鋼絲擰成的，非常結實，可以用來提起非常重的貨物和機械。

角磨機
角磨機可以用來切割、打磨金屬等材料。

城市裏隨處可見金屬的身影——高樓大廈的穩固鋼筋、交通工具的堅硬外殼，還有一根根拉起大橋的鋼索，就連開採、冶煉金屬的機械也都是用金屬製成的。金屬用堅實的身軀，撐起了現代都市的天際線。

港珠澳大橋 這座大橋的主體橋樑用了 42 萬噸鋼材，可以建 60 座埃菲爾鐵塔。

城市工地 鋼材可以讓高樓大廈的內部結構更穩固，也可以搭成堅實的棚架，讓工人在高處安全工作。

冶煉廠
冶煉廠的機械非常先進，可以高效地冶煉金屬，節省人力。

了不起的現代製造業：「中國製造」

金屬是製造許多物品的重要原料，我們的生活早已離不開它。今日世界，輪船飛機跨越重洋，汽車火車奔馳大地，冰箱洗衣機讓生活更方便，電腦手機讓人們即使遠隔千里也能時時聊天……要是有一天金屬忽然消失，簡直不能想像人類世界會變成什麼樣子。

新能源汽車
中國自主研發了可以利用電力、氫能和太陽能等新能源的汽車，它們可以有效減少環境污染。

國產客機
2017年成功試飛的C919大型客機是我國第一款國產大飛機。

自行車

剪刀

指甲鉗

機械分揀快遞
隨着人們開始習慣網上買東西，分揀快遞的工作量越來越大。金屬製造的機械手臂幫助人們分揀快遞，快速又精准。

中國致力於發展科技與自主創新，從交通工具到家用電器，各種各樣用金屬製造的產品，不僅讓我們的生活越來越舒適，而且遠銷國外，方便了全世界人民的生活。「中國製造」的優秀產品廣受全球歡迎。

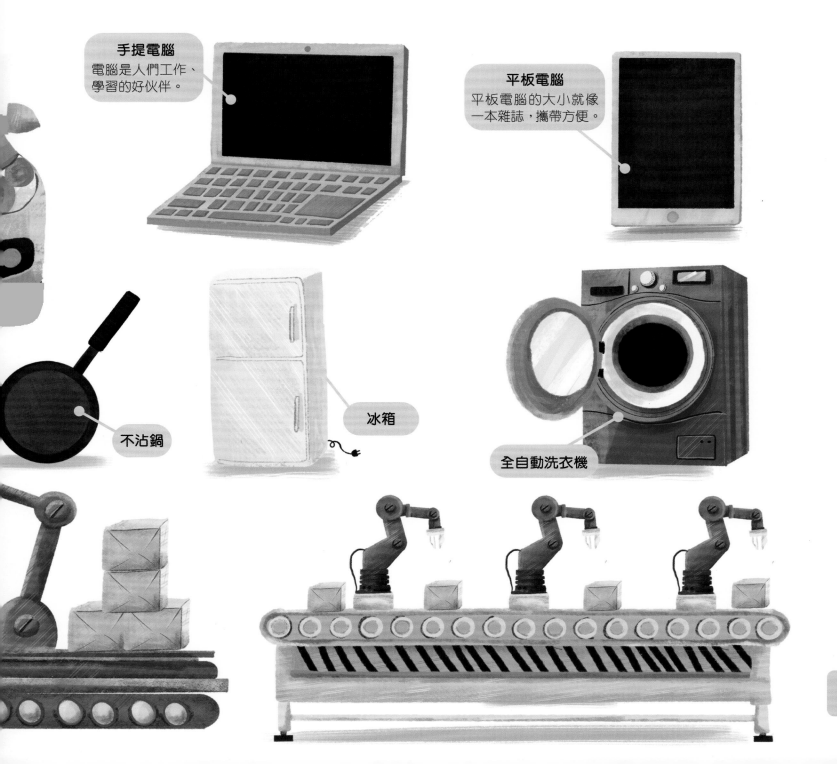

手提電腦
電腦是人們工作、學習的好伙伴。

平板電腦
平板電腦的大小就像一本雜誌，攜帶方便。

不沾鍋

冰箱

全自動洗衣機

了不起的現代交通：中國高鐵

「高鐵」是「高速鐵路」的簡稱。如今，時速可達 350 千米的高鐵列車，連接着一座座城市，成為越來越多人出差、旅遊的首選交通工具。高鐵列車和軌道是用許多金屬材料製造的，中國高鐵的飛速發展離不開金屬的貢獻。

中國高鐵
中國高速鐵路的總長度目前居全球第一。

車身
相對其他材料，重量較輕的不鏽鋼和鋁合金是製造車身的主要材料。

轉向架 轉向架幫助高鐵列車拐彎，同時還負責讓列車在高速行駛中保持平穩。

制動系統 列車跑得快，也停得穩。制動系統是幫助列車減速煞車的裝置。

牽引系統 牽引系統驅動電機，帶動車輪飛快地轉起來。

20 年前，坐火車從北京到上海，要花差不多一整天的時間，但今天乘坐高鐵，我們幾個小時就能到達。高鐵讓人們的出行更便利，也讓沿途城市有了更多發展機會。中國高鐵是中國人用中國速度創造的讓世界驚歎的現代奇跡。

集電弓
高鐵是用電力行駛的，車頂的集電弓負責傳輸電能。

駕駛室
高鐵列車小小的駕駛室裏只能坐一個人。

保養
每隔一段時間，工作人員會對列車進行一次全面「體檢」。

了不起的現代醫療

　　金屬在醫學上也有很多用途。我們的身體就像是一台一直在運轉的機器，因為一些原因，機器的「零件」難免會受損。這時，身體便有可能要迎來新伙伴——假體。假體是代替人身上壞掉「零件」的新「零件」。各種金屬是製作假體的重要材料。裝在人身上的金屬假體，有的我們看得到，有的我們看不到。

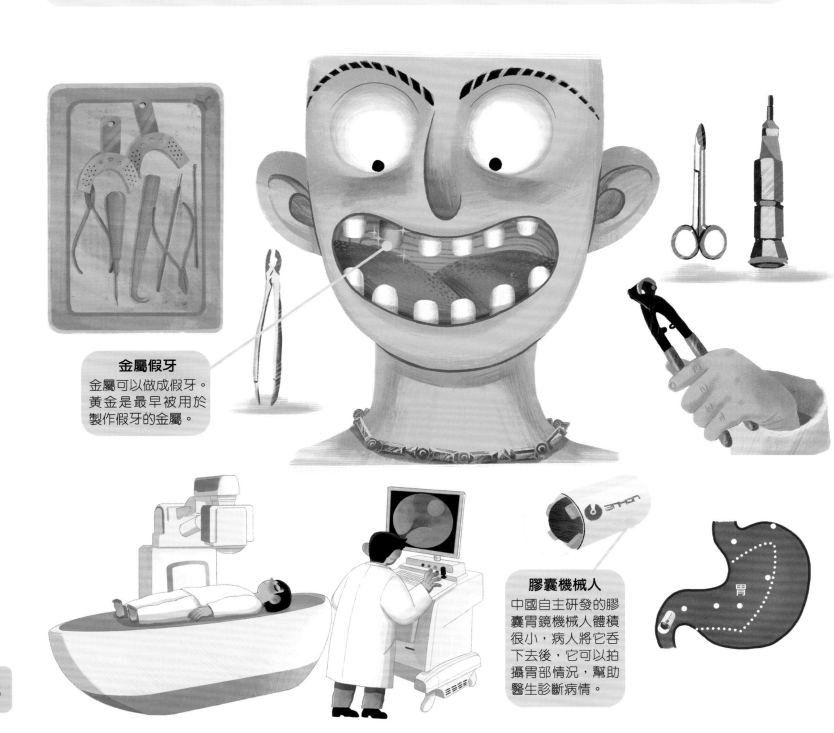

金屬假牙
金屬可以做成假牙。黃金是最早被用於製作假牙的金屬。

膠囊機械人
中國自主研發的膠囊胃鏡機械人體積很小，病人將它吞下去後，它可以拍攝胃部情況，幫助醫生診斷病情。

胃

除了假體，金屬還可以用於製造各種幫助醫生工作的醫療用具。比如我們最熟悉的探聽病人體內聲音的聽診器、看到就讓人緊張的針頭，還有各種手術用的金屬器械。伴隨科技的發展，神奇的機械人技術正被醫學界廣泛應用到各種病症的治療中。

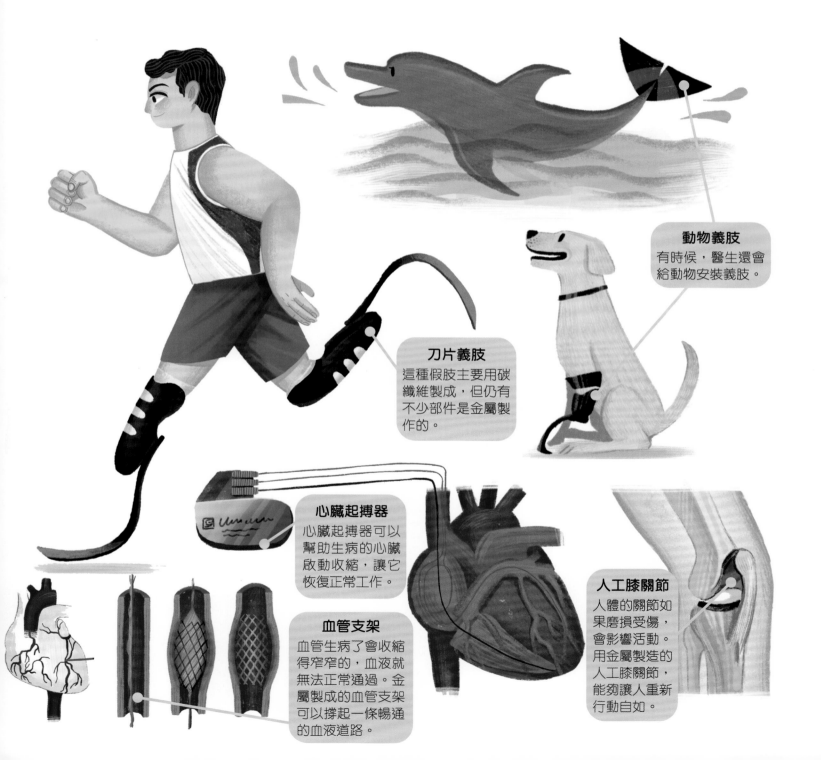

動物義肢
有時候，醫生還會給動物安裝義肢。

刀片義肢
這種假肢主要用碳纖維製成，但仍有不少部件是金屬製作的。

心臟起搏器
心臟起搏器可以幫助生病的心臟啟動收縮，讓它恢復正常工作。

血管支架
血管生病了會收縮得窄窄的，血液就無法正常通過。金屬製成的血管支架可以撐起一條暢通的血液道路。

人工膝關節
人體的關節如果磨損受傷，會影響活動。用金屬製造的人工膝關節，能夠讓人重新行動自如。

了不起的**現代航天**

很久很久以前，我們的祖先仰望星空，幻想着天上的世界是什麼模樣。終於，經過漫長的時光，燃料和動力技術的發展給了人類飛到太空的動力；金屬冶煉技術的進步，則讓人們有了製造航天器的合適材料。鋁合金、鈦合金等金屬，重量很輕，能夠適應極端溫度，成為人們製造航天飛機、火箭和衛星的理想材料。

神舟五號
中國研製的第一艘可以載人的飛船，於 2003 年 10 月 15 日發射升空。

多級運載火箭
由多級火箭組成，可以把人造衛星、太空站、載人飛船等送入太空。

嫦娥三號
它是中國製造的第一個在月球軟着陸的無人探測器。

金屬資源並不是取之不盡、用之不竭的，地球上蘊藏的金屬資源正隨着開採不斷減少。為了我們的子孫後代，我們應該做些什麼呢？除了注意保護金屬資源和環境、積極回收利用舊金屬，浩瀚的宇宙是我們人類未來的希望。終有一天，人類將飛到更高更遠的地方，翻開我們與金屬的故事的新篇章。

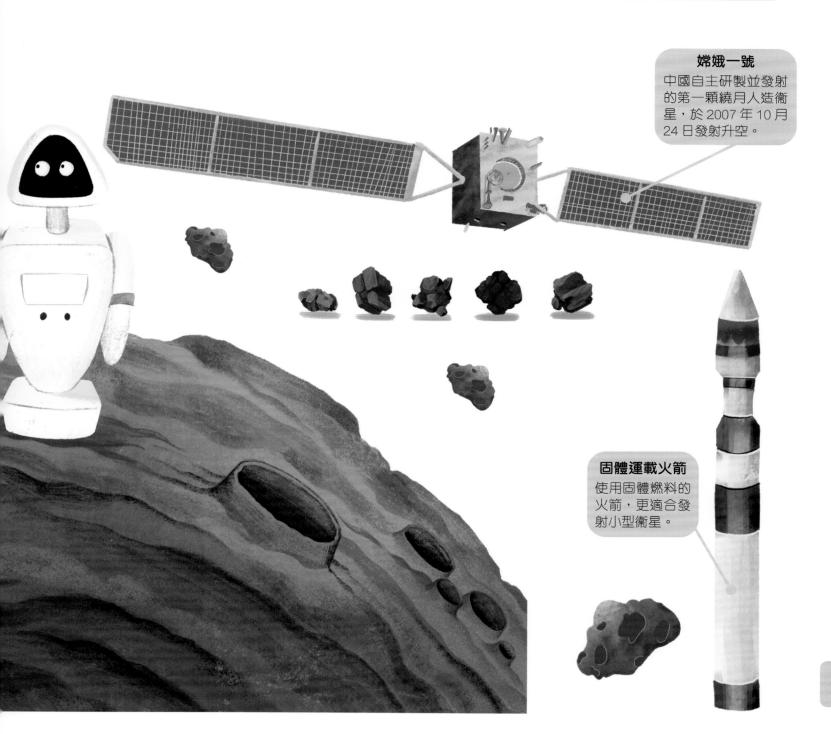

嫦娥一號
中國自主研製並發射的第一顆繞月人造衛星，於 2007 年 10 月 24 日發射升空。

固體運載火箭
使用固體燃料的火箭，更適合發射小型衛星。

金的小課堂

1. 金屬的光澤

一般金屬的光澤都是銀白色的，少數金屬會有特殊的光澤與顏色。把家裏的不鏽鋼平底鍋舉起來，看看鍋底能不能映出你的臉。

2. 金屬的延展性

什麼叫「延展性」？金屬在外力作用下，能延伸成細絲而不斷裂，這叫作「延性」，就好比拉麵師傅表演拉麵一樣，能拉好長呢！金屬在外力作用下，被碾成薄片而不破裂，這叫作「展性」，比如金箔就是用金塊碾成的。

3. 金屬的導熱性

金屬的導熱性通常都不錯，人們利用這一特點用金屬製作鍋具，烹飪美食。火焰的熱量通過金屬，傳遞給鍋裏的食物，漸漸地，食物就燒熱燒熟啦！

4. 金屬的導電性

金屬具有良好的導電性，可以用來製作電線。不同金屬的導電性各不相同，通常，銀的導電性最好，其次是銅和金。但是，由於金銀比較珍貴，所以常見的電線都是銅絲材質的。電流通過電線傳導，家裏的燈才能亮起來。

「傳導之王」——銀

銀能用最快的速度傳導熱量和電能。很多太陽能電池板的表面都是銀的。太陽能電池板把吸收到的太陽熱能轉化成電能，供人們使用。

「延伸狀元」——鉑

鉑是延性最好的金屬，可以拉成特別細的金屬絲。在掌握它的這一特性之後，人們用它製作漂亮的貴金屬首飾，比如細細的閃着光的鉑金項鏈。

「舒展冠軍」——金

黃金是展性最好的金屬。你知道嗎？1克黃金可以製成面積約 0.5 平方米的純金箔！薄如蟬翼的金箔，可以用來裝飾物品。古人常用金箔給佛像貼金。

金的小趣聞

用銀做的金牌

奧運會最激動人心的時刻，就是運動員的「奪金」瞬間了。但是，你知道嗎？金牌其實只含有大約6克的黃金。這部分黃金主要用於表面塗層，製作金牌的主要材料其實是銀！

拿破崙的鋁碗

相傳法國皇帝拿破崙三世常常大擺宴席，宴請天下賓客，宴會上的器具都是銀器，他卻用一只鋁碗吃飯，以此彰顯自己的高貴。為什麼鋁碗比銀器顯得高貴呢？原來那時候銀器已經有很長時間的歷史了，宮中銀器比比皆是，但人們冶煉鋁的技術很落後，鋁製品非常少。想不到吧，幾百年前，鋁比銀還罕有呢！

指南針的奧秘之源——磁鐵

磁鐵的成分有鐵、鈷、鎳等，本身帶有磁性。中國人最早利用磁鐵發明了著名的指南針。在天然磁場的作用下，指南針的磁針可以自由轉動，紅色指針始終指向北方。人們利用指南針的這一特性來辨別方向。

宇航員的黃金「墨鏡」

宇航員的頭盔面罩上，往往覆蓋着一層薄薄的黃金薄膜，用來保護他們的眼睛不受輻射和強光的刺激。宇航員戴的是黃金「墨鏡」啊！

離奇消失的錫製衣扣

曾經發生過這樣一件離奇的事情：高寒地區有一批軍大衣的扣子通通消失了！原來，這些扣子都是用錫做的，而錫是個既怕冷、又怕熱的傢伙，溫度過低時就會變成粉末，溫度過高時則會一敲就碎。

了不起的中國人

金——從發現隕石到航天科技

作　　者：狐狸家
責任編輯：張斐然
美術設計：張思婷
出　　版：新雅文化事業有限公司
　　　　　香港英皇道 499 號北角工業大廈 18 樓
　　　　　電話：(852) 2138 7998
　　　　　傳真：(852) 2597 4003
　　　　　網址：http://www.sunya.com.hk
　　　　　電郵：marketing@sunya.com.hk
發　　行：香港聯合書刊物流有限公司
　　　　　香港荃灣德士古道 220-248 號荃灣工業中心 16 樓
　　　　　電話：(852) 2150 2100
　　　　　傳真：(852) 2407 3062
　　　　　電郵：info@suplogistics.com.hk
印　　刷：中華商務彩色印刷有限公司
　　　　　香港新界大埔汀麗路 36 號
版　　次：二〇二二年一月初版
版權所有‧不准翻印

ISBN: 978-962-08-7909-8
Traditional Chinese Edition © 2022 Sun Ya Publications (HK) Ltd.
18/F, North Point Industrial Building, 499 King's Road, Hong Kong
Published in Hong Kong, China
Printed in China

本書繁體中文版由四川少年兒童出版社授權香港新雅文化事業有限公司
於香港、澳門及台灣地區獨家發行。